100 ANIMALI DA COLORARE

DISEGNI UNICI E RILASSANTI PER ADULTI

Copyright © 2020 da Joyful Pictures

Tutti I diritti riservati. Questo libro o parte di esso non può essere riprodotto in alcun modo senza l'espresso permesso scritto dell'editore, ad eccezione dell'uso di brevi citazioni in una recensione.

Tavola dei Colori

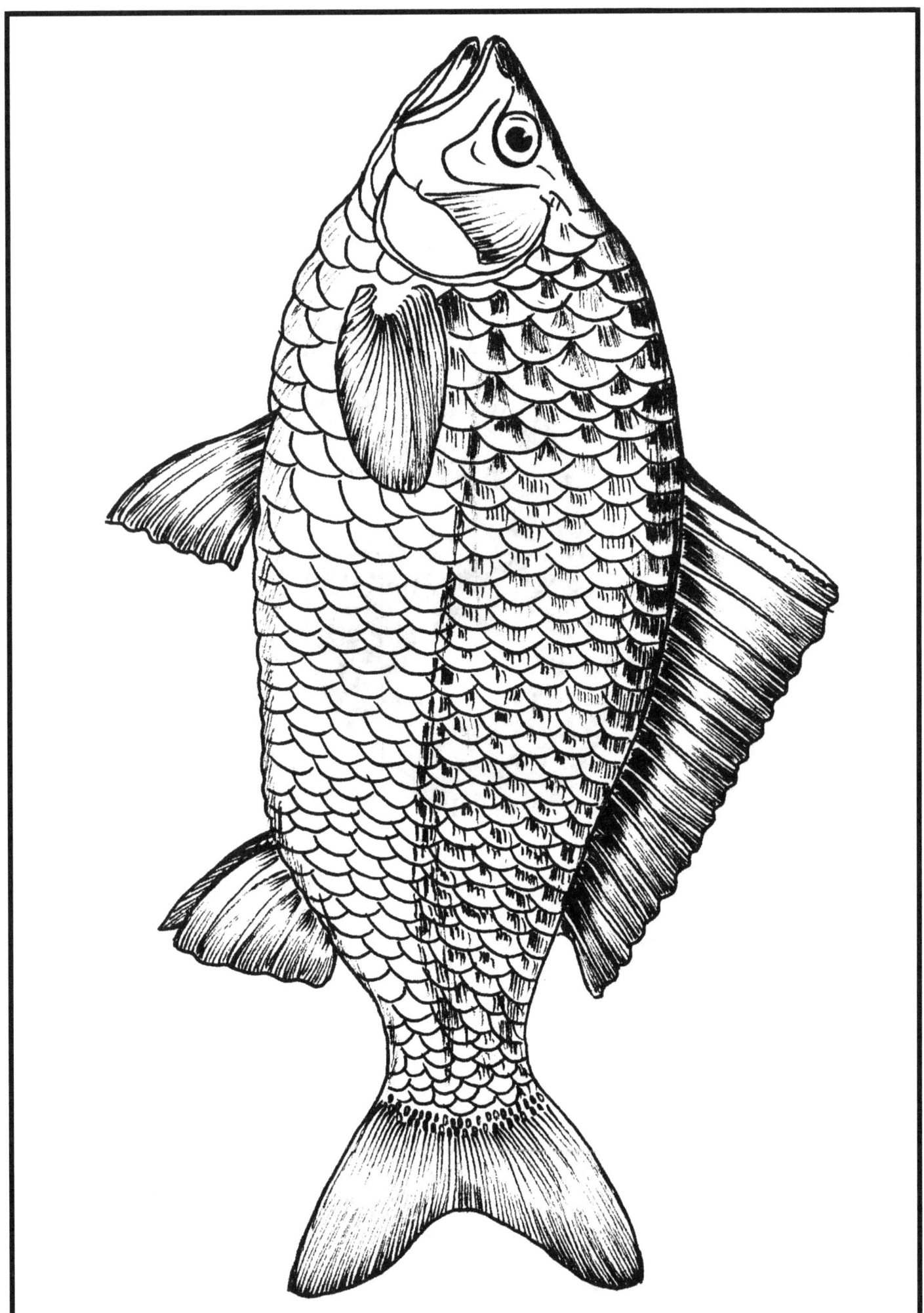

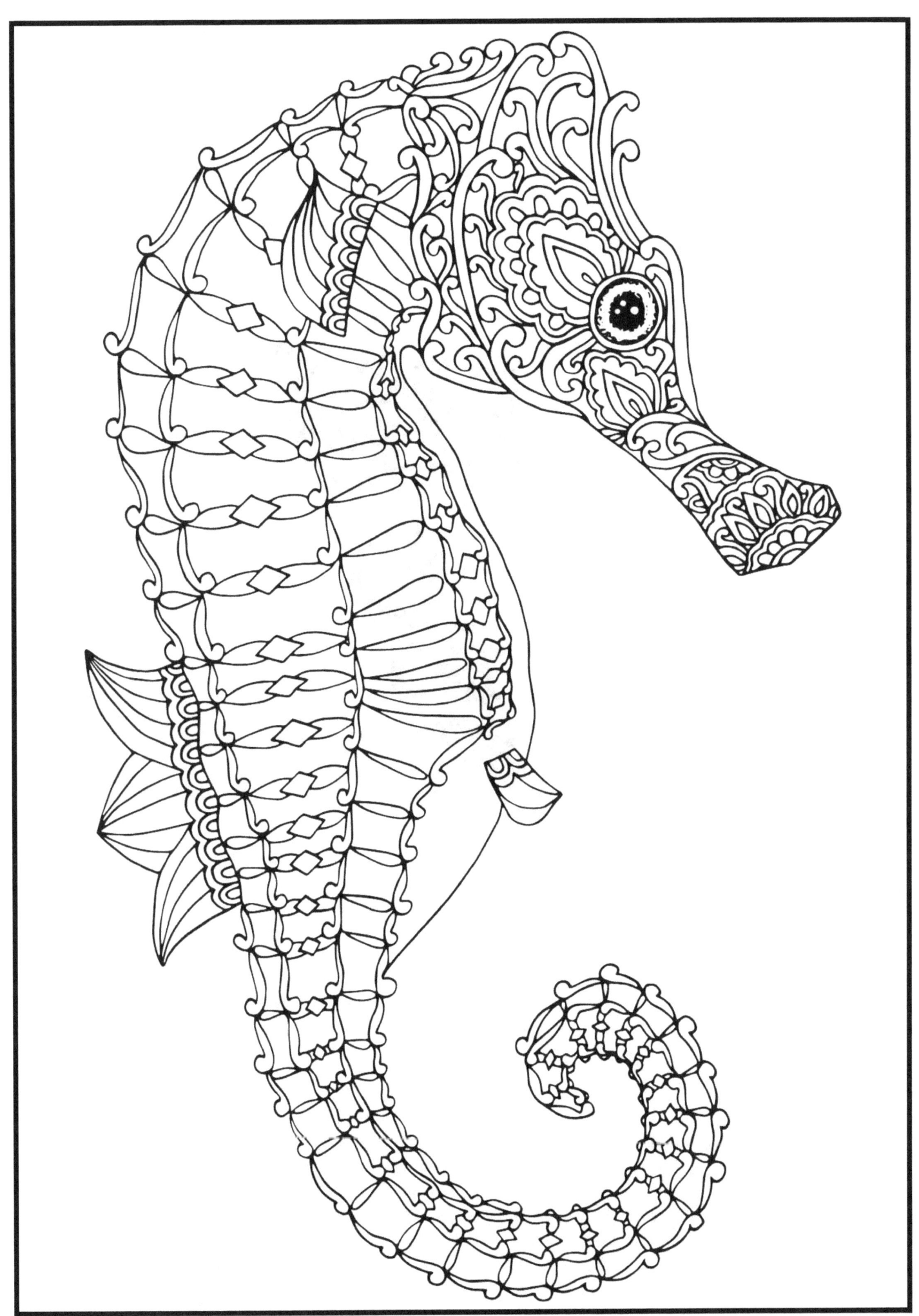

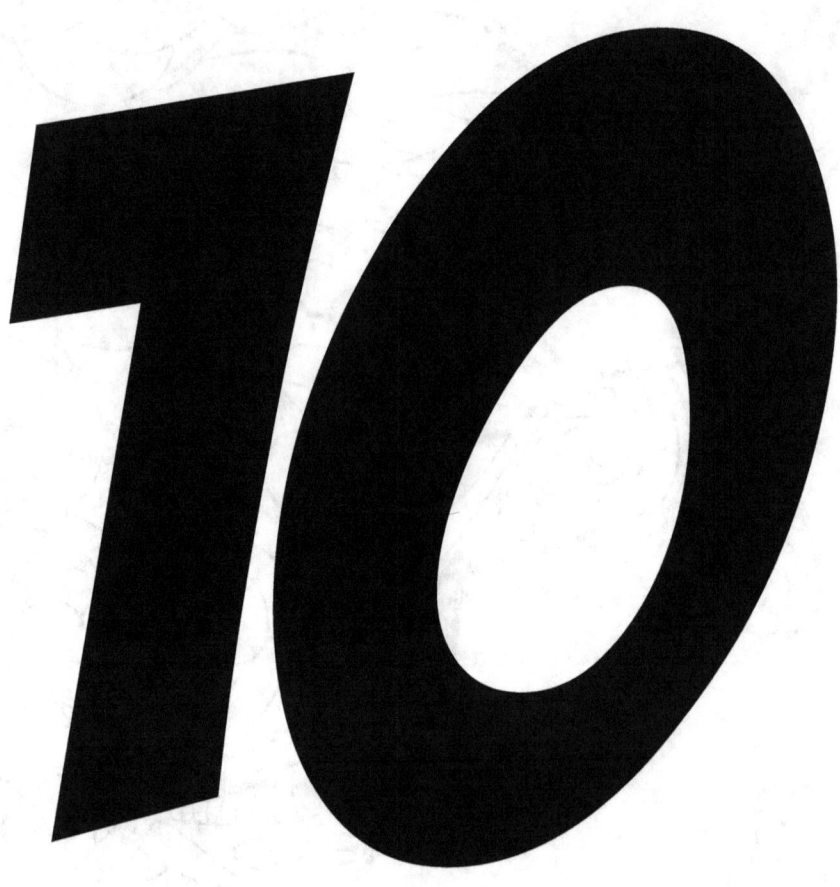

13

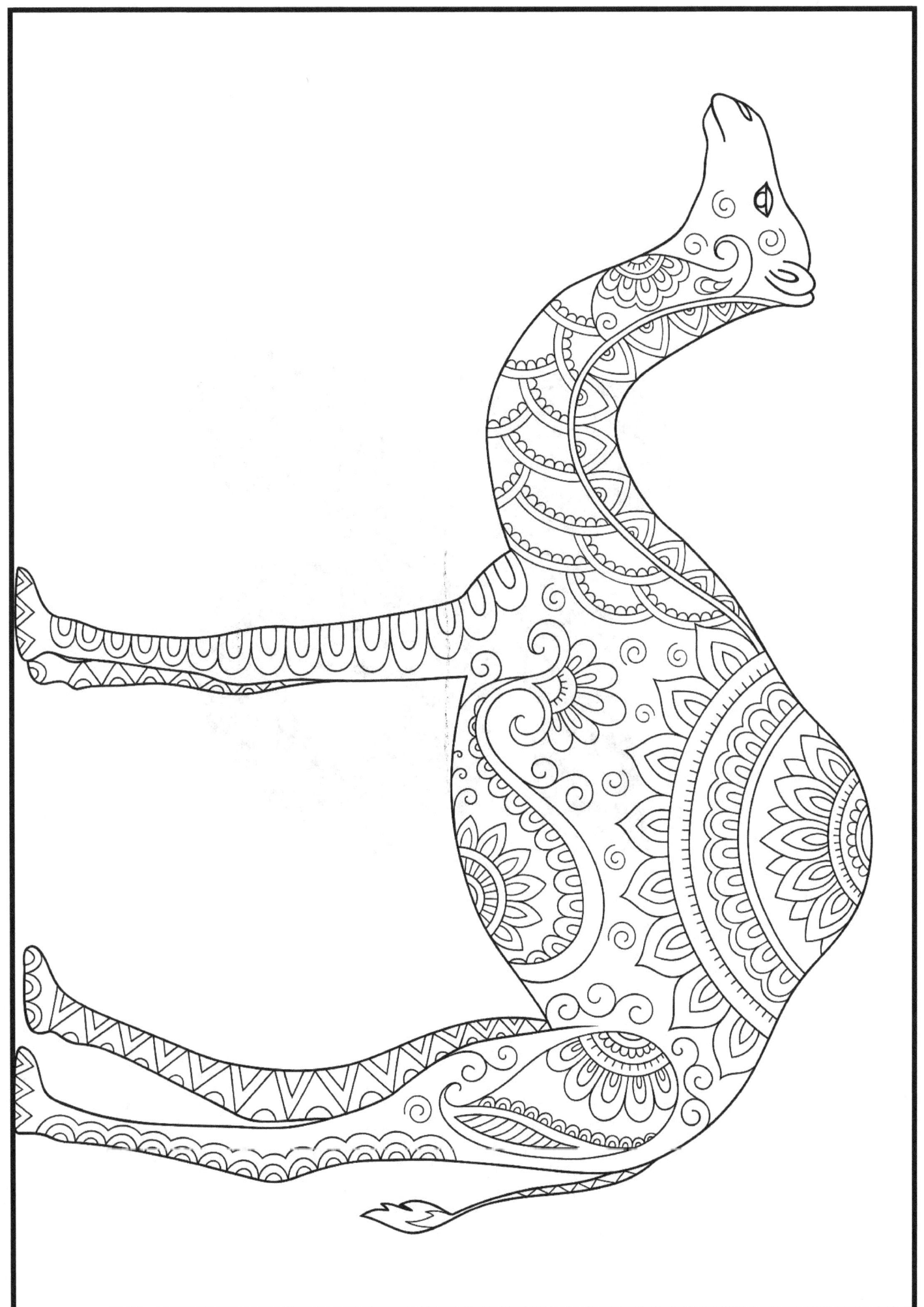

16

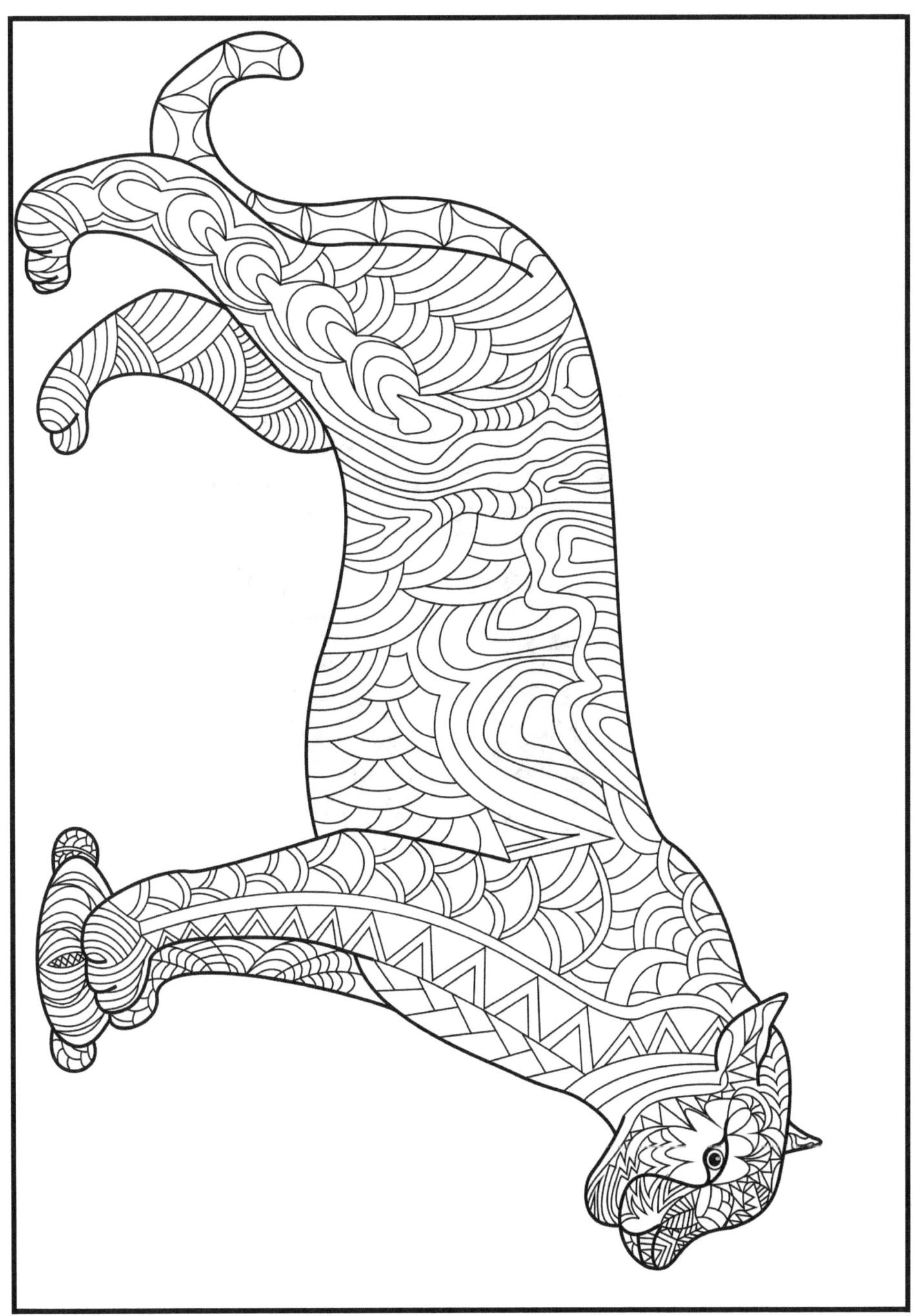

17

19

21

22

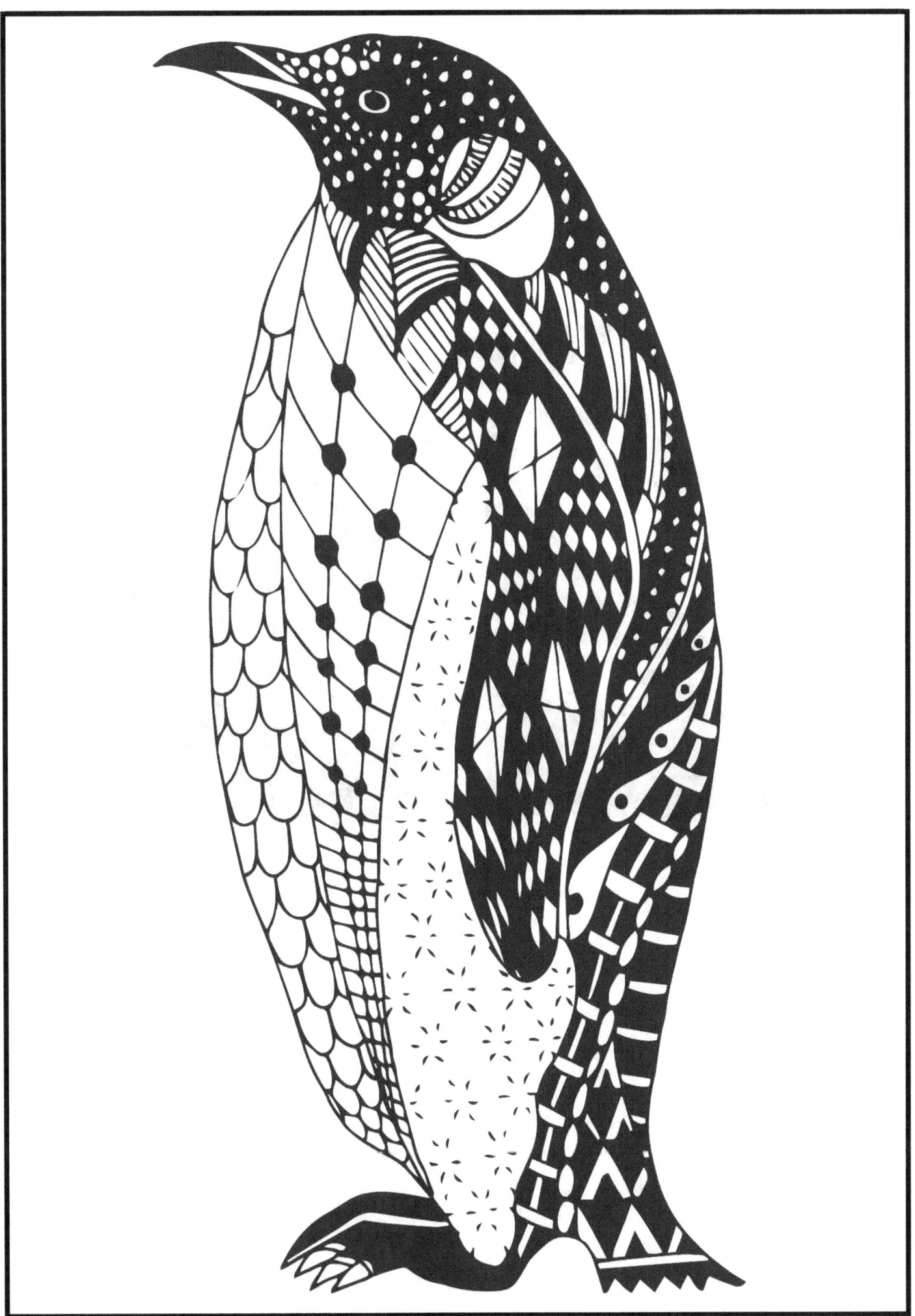

23

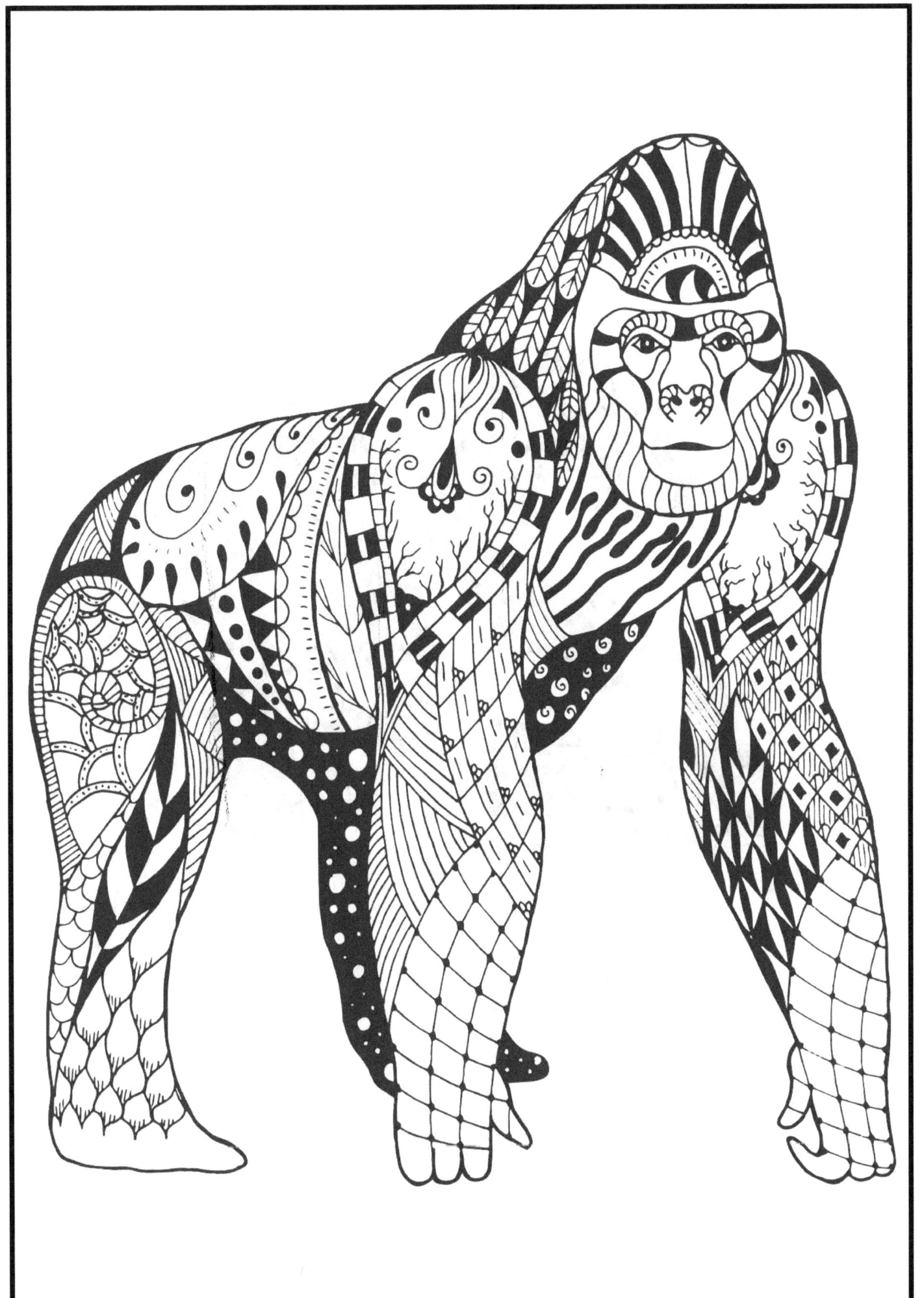

27

29

31

32

33

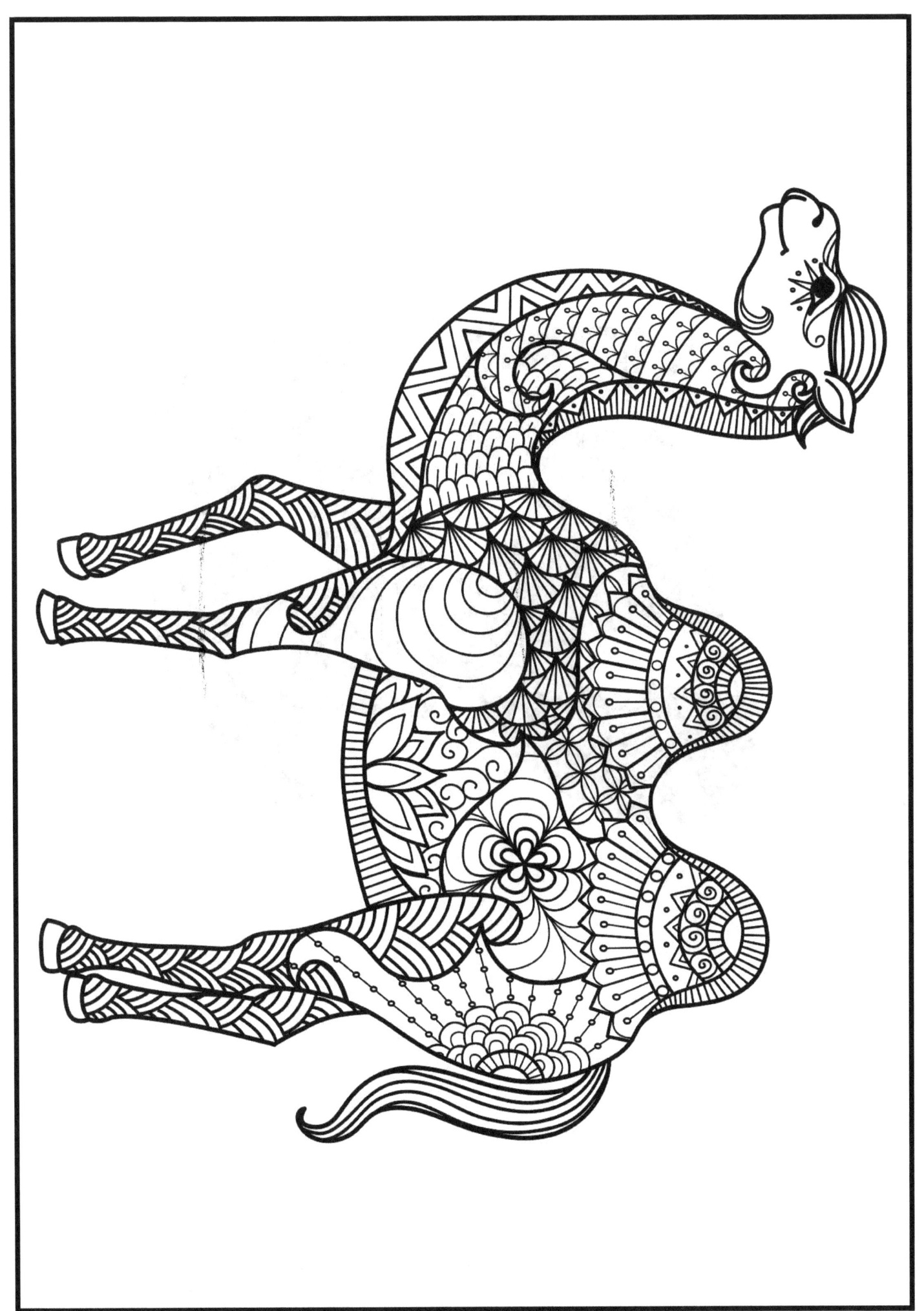

34

35

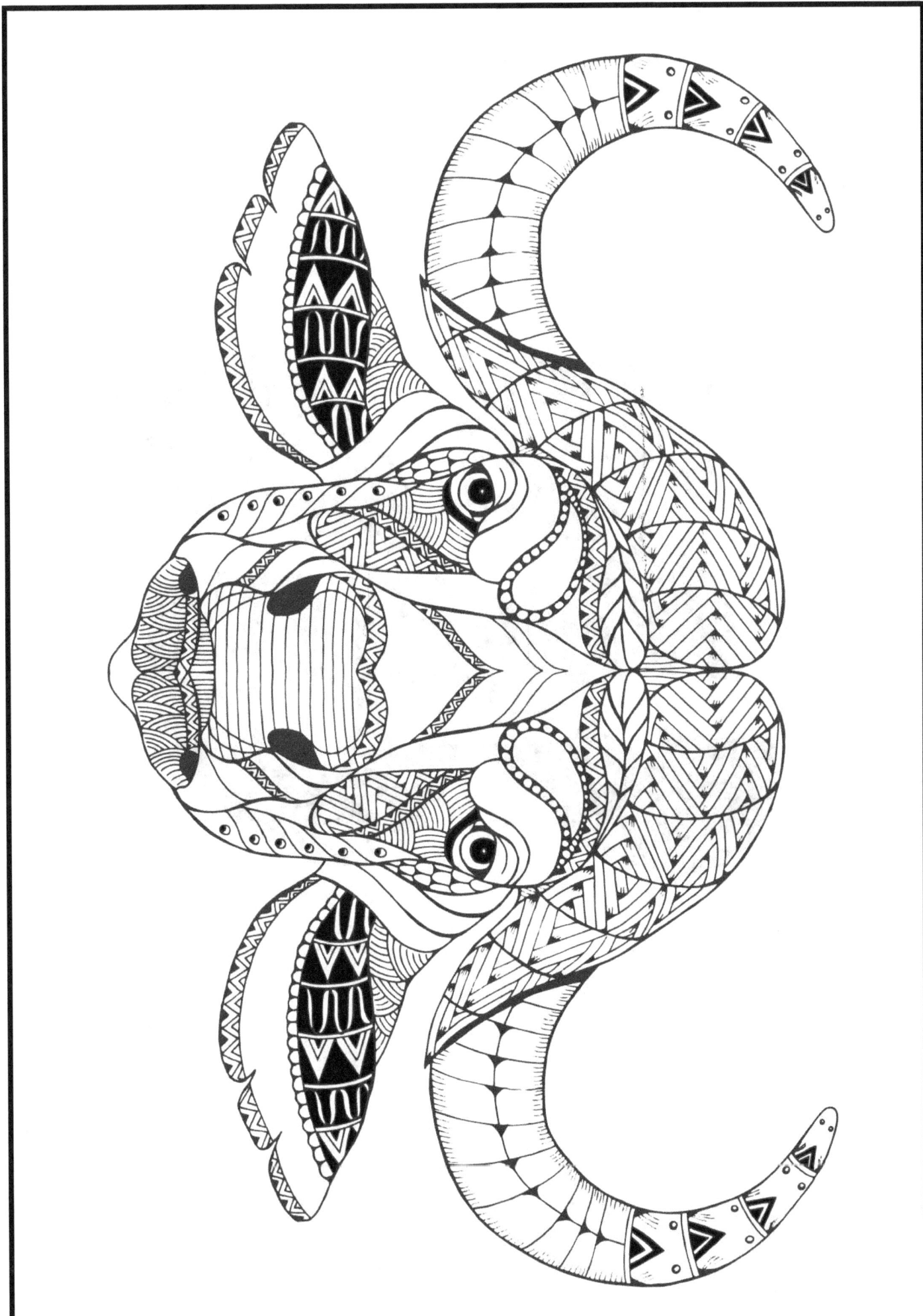

36

37

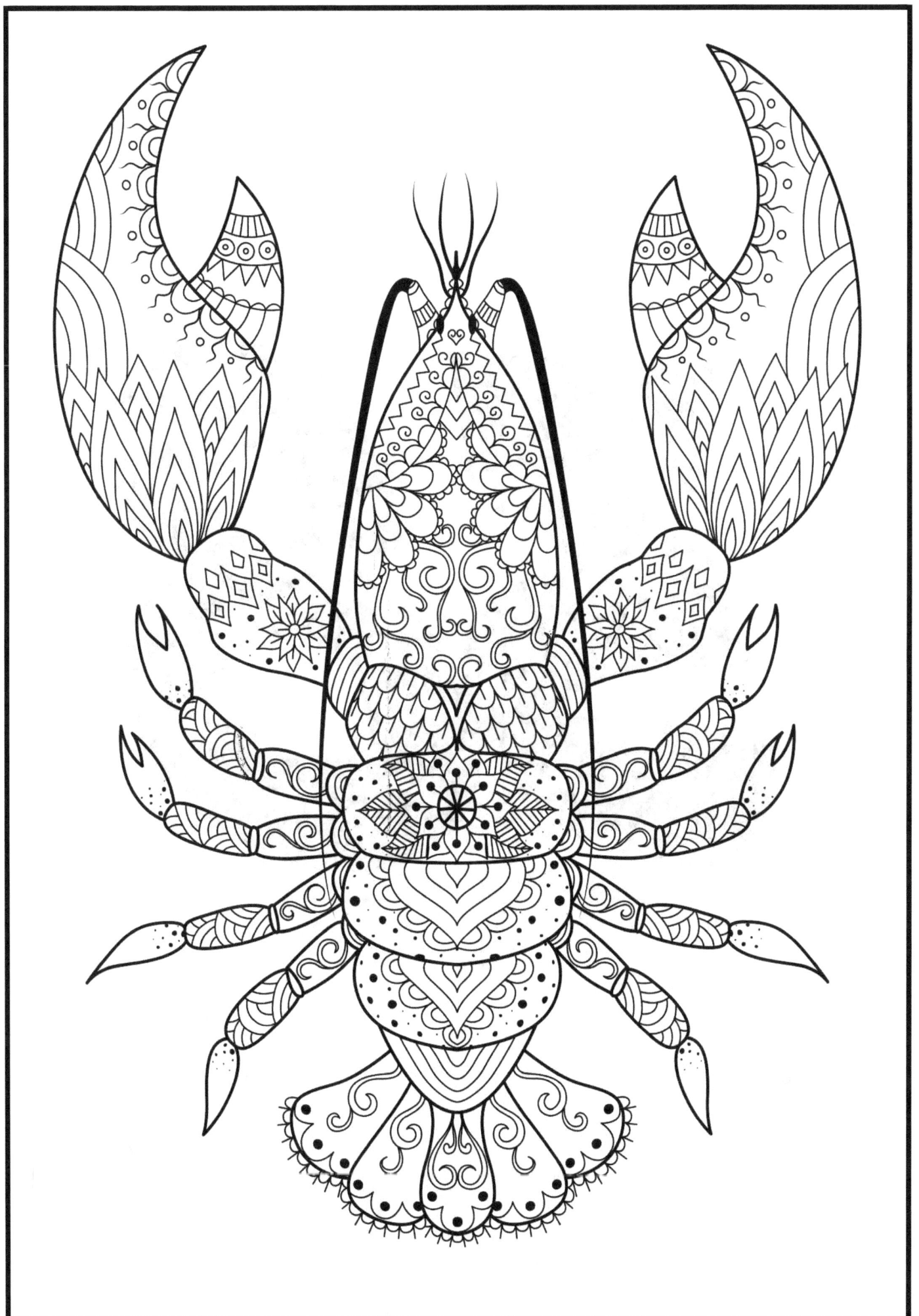

39

40

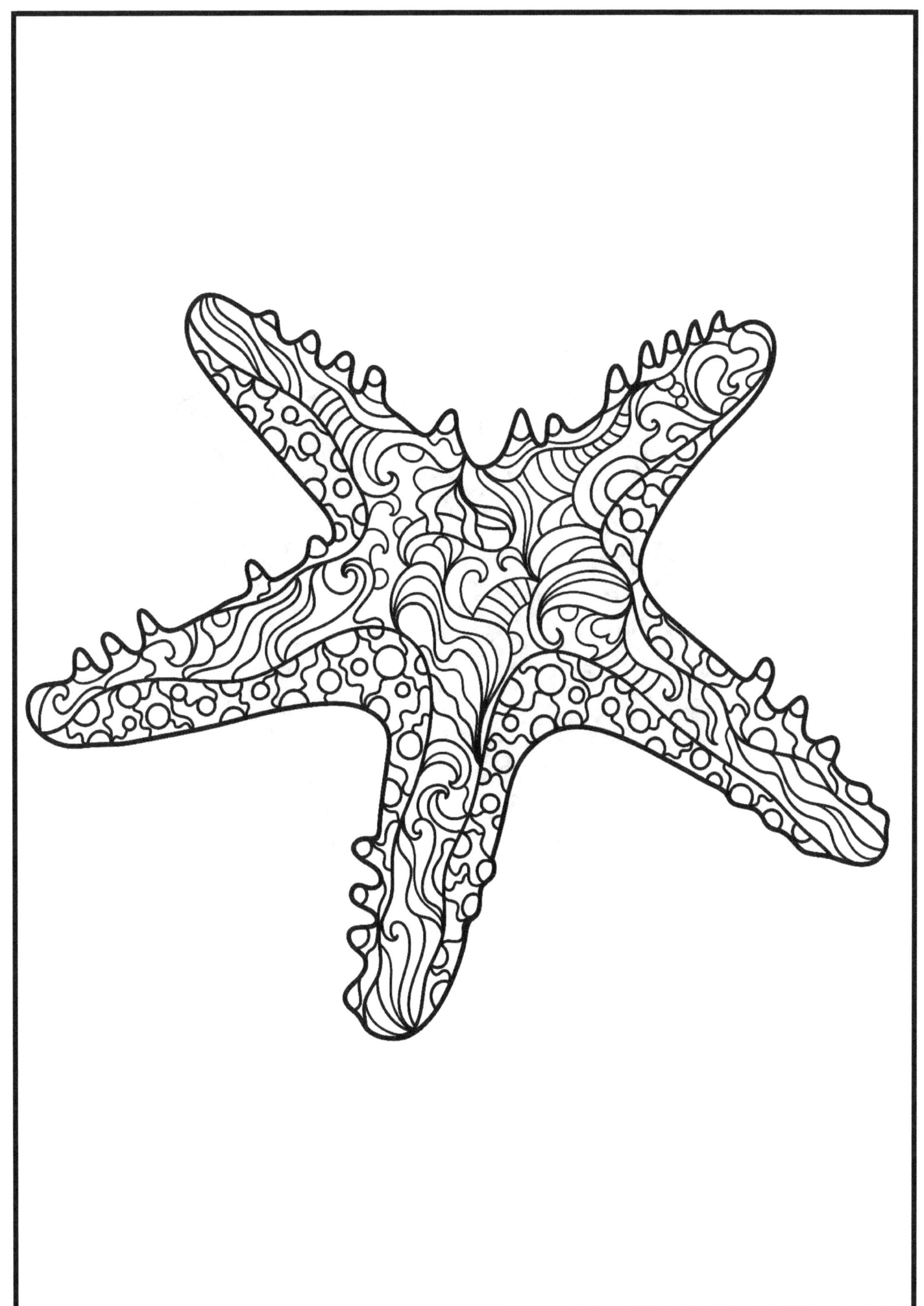

42

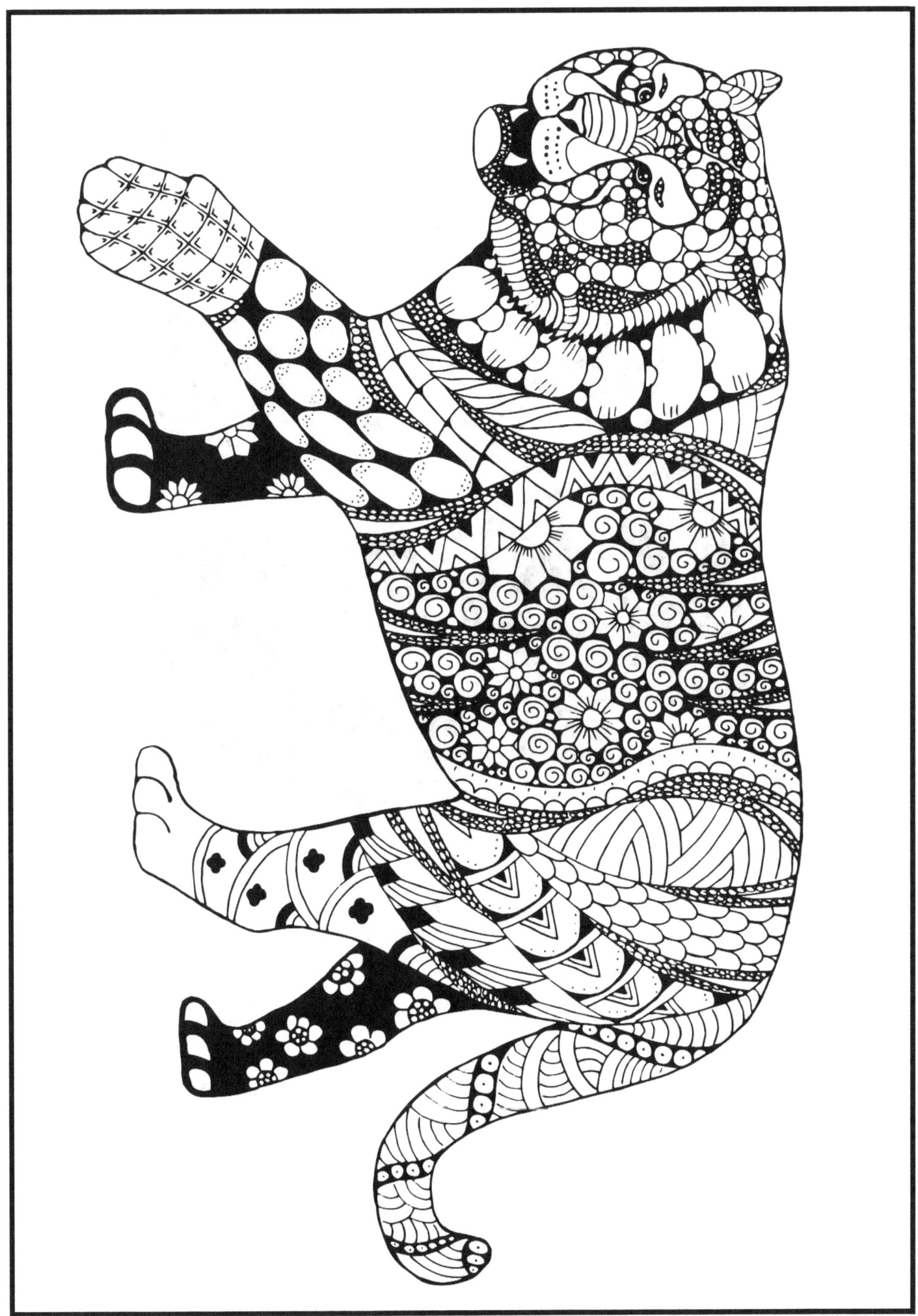

43

45

46

47

48

49

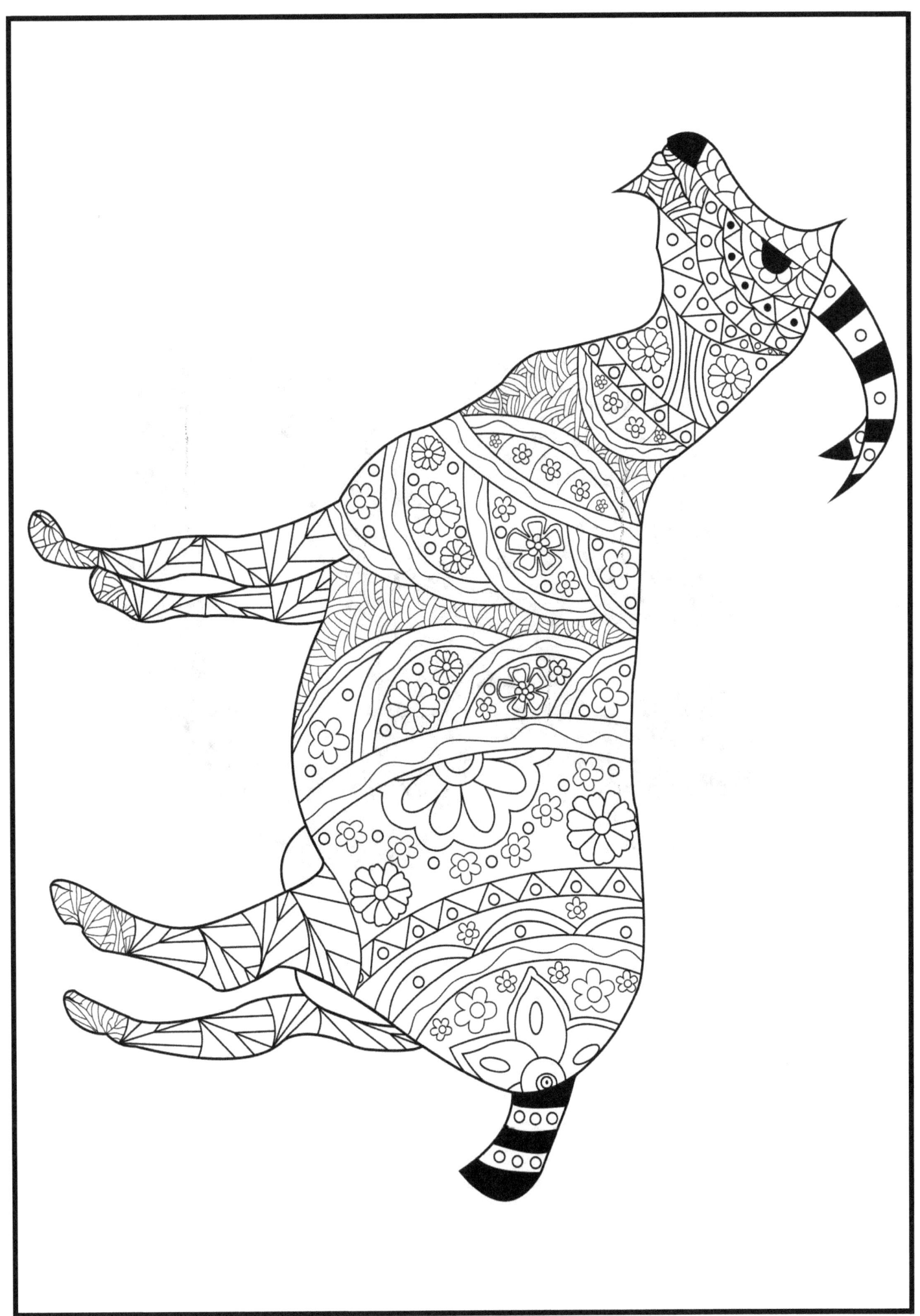

50

51

52

53

54

55

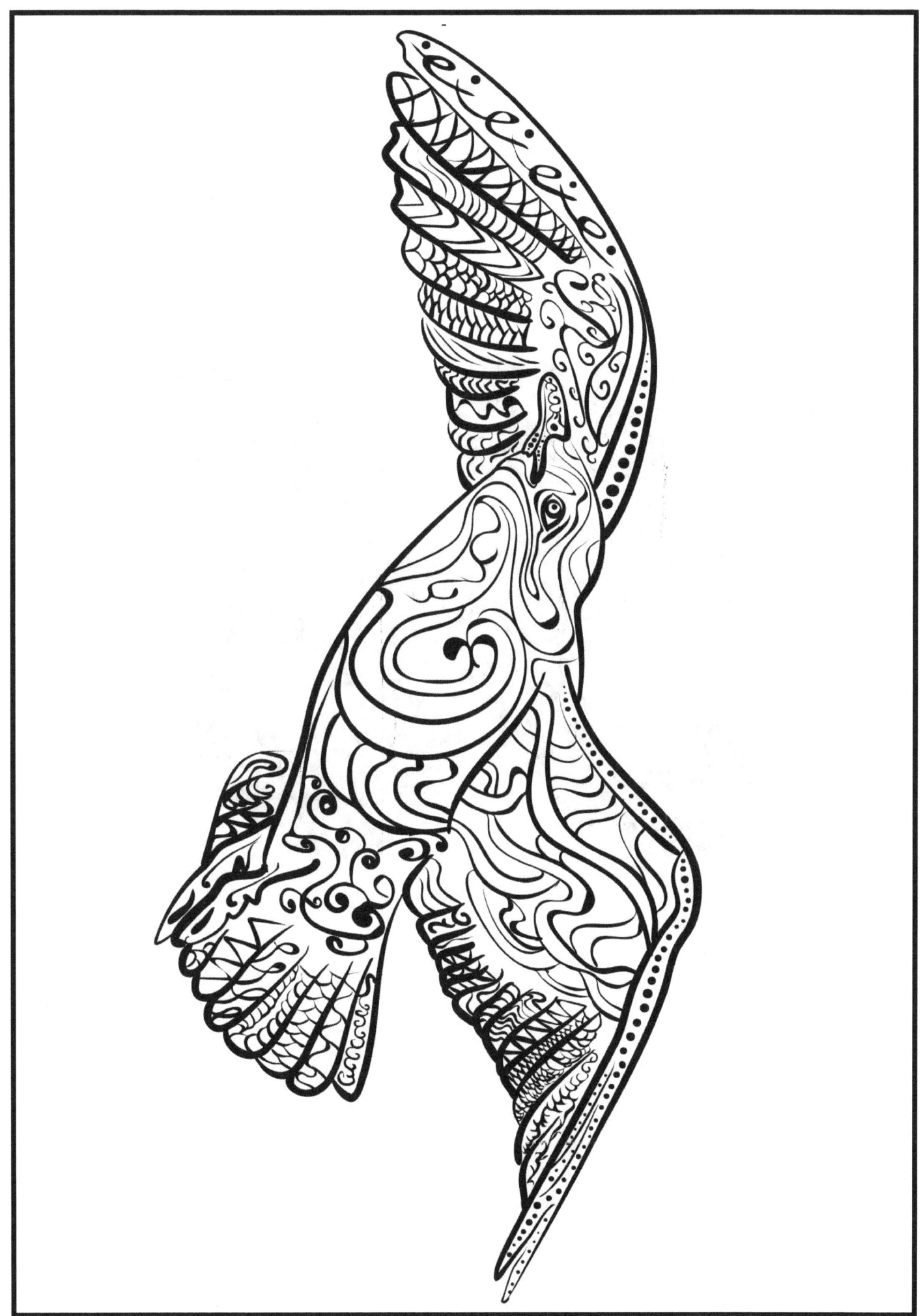

56

57

58

59

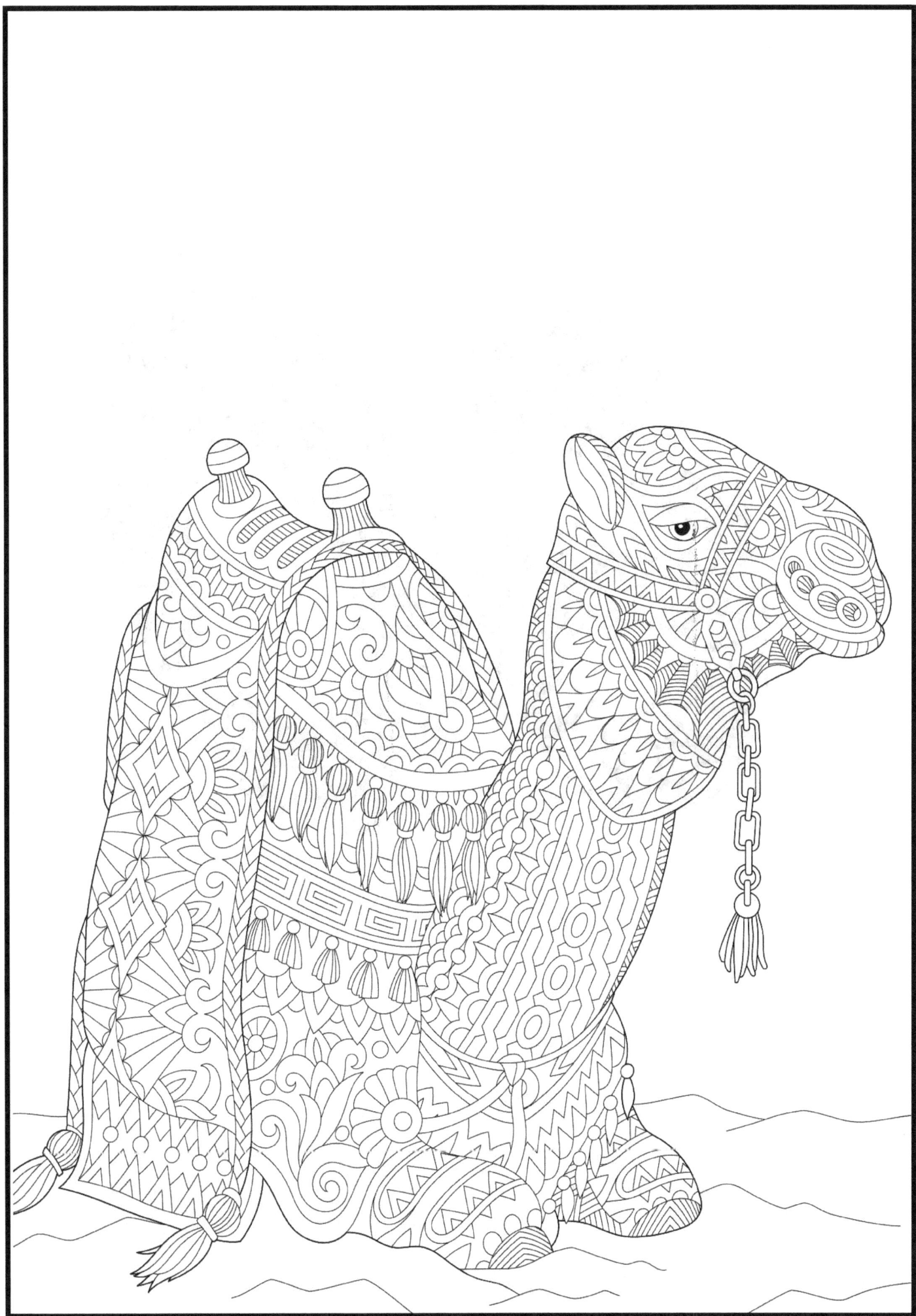

63

64

65

66

67

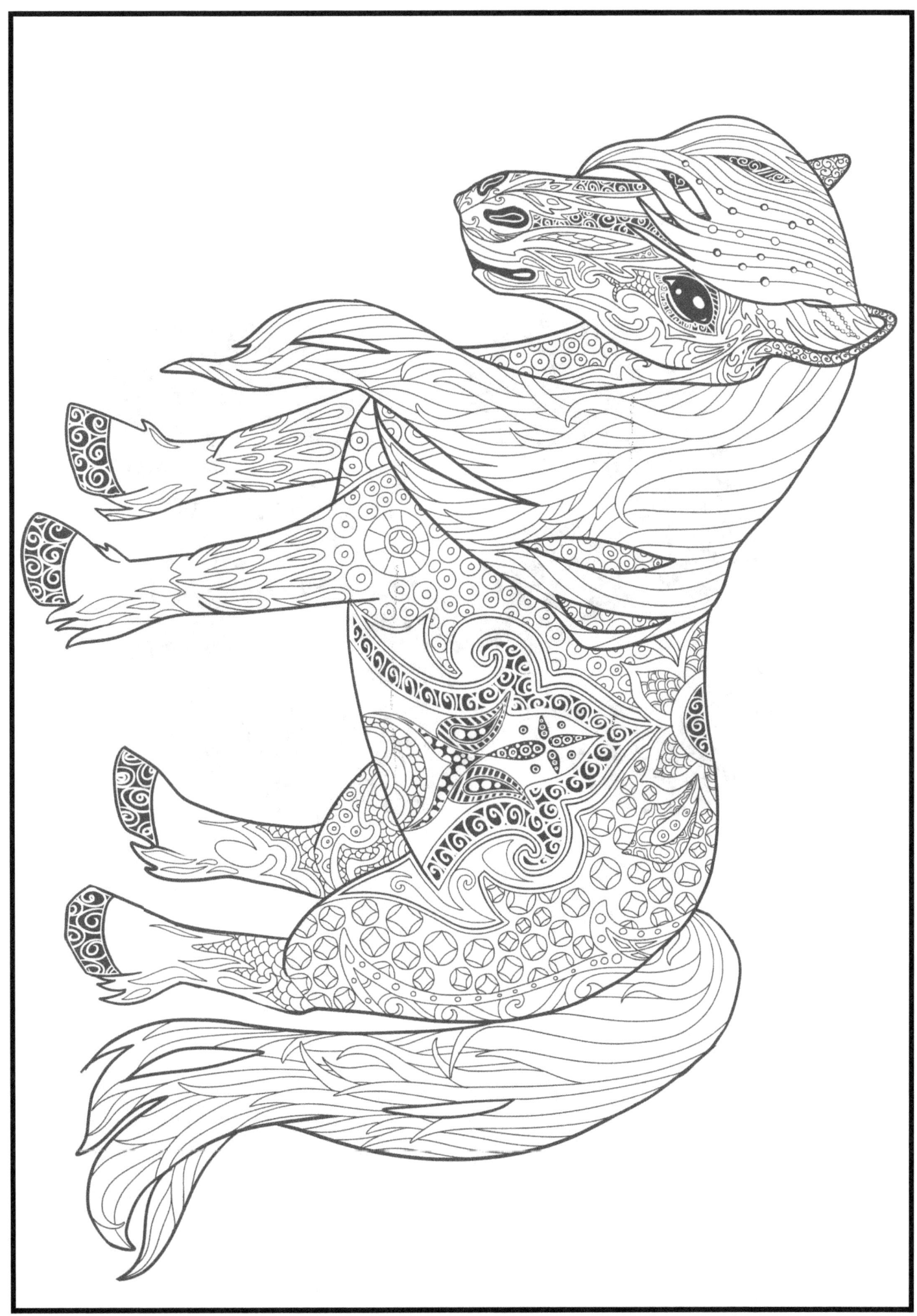

68

69

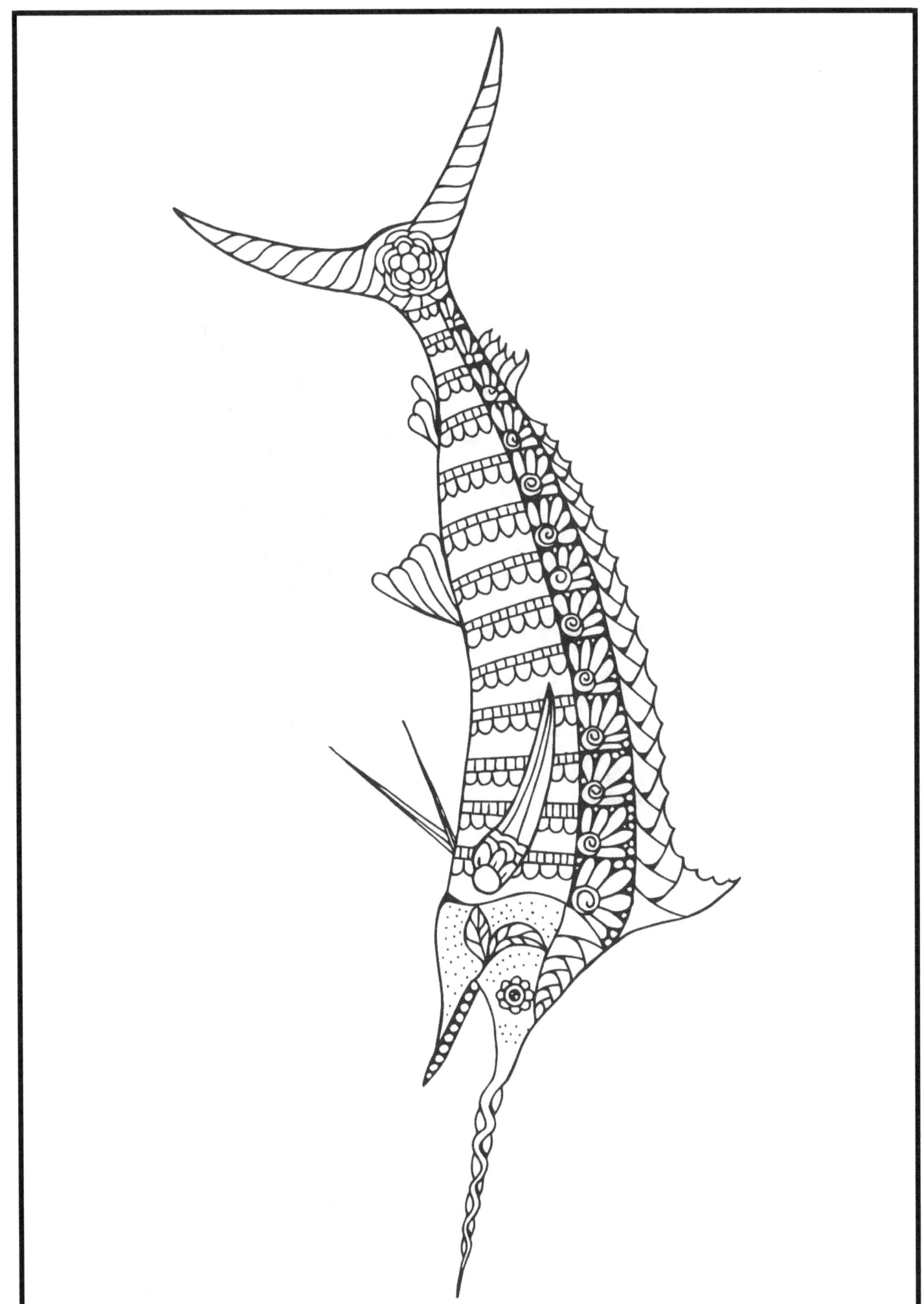

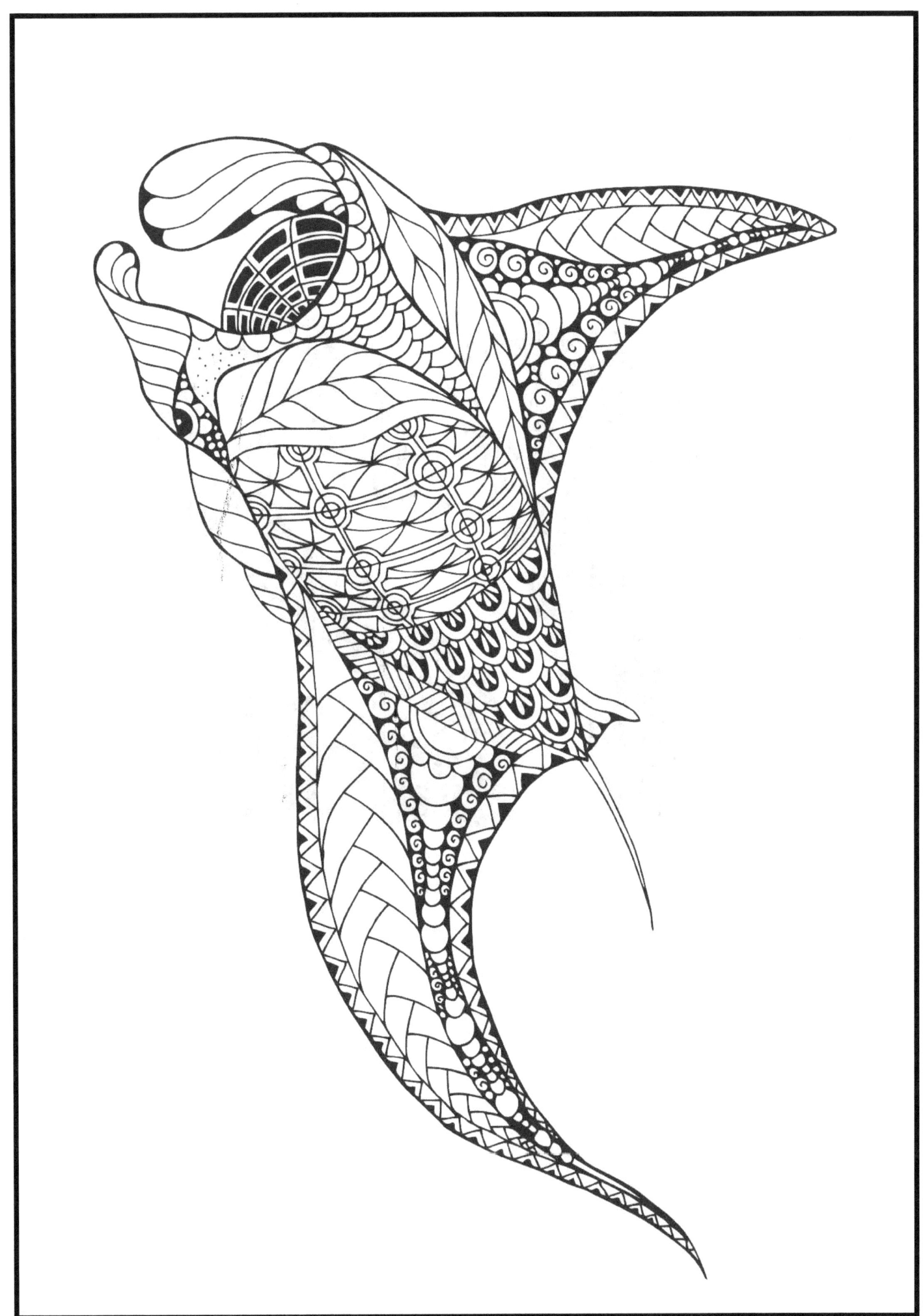

72

73

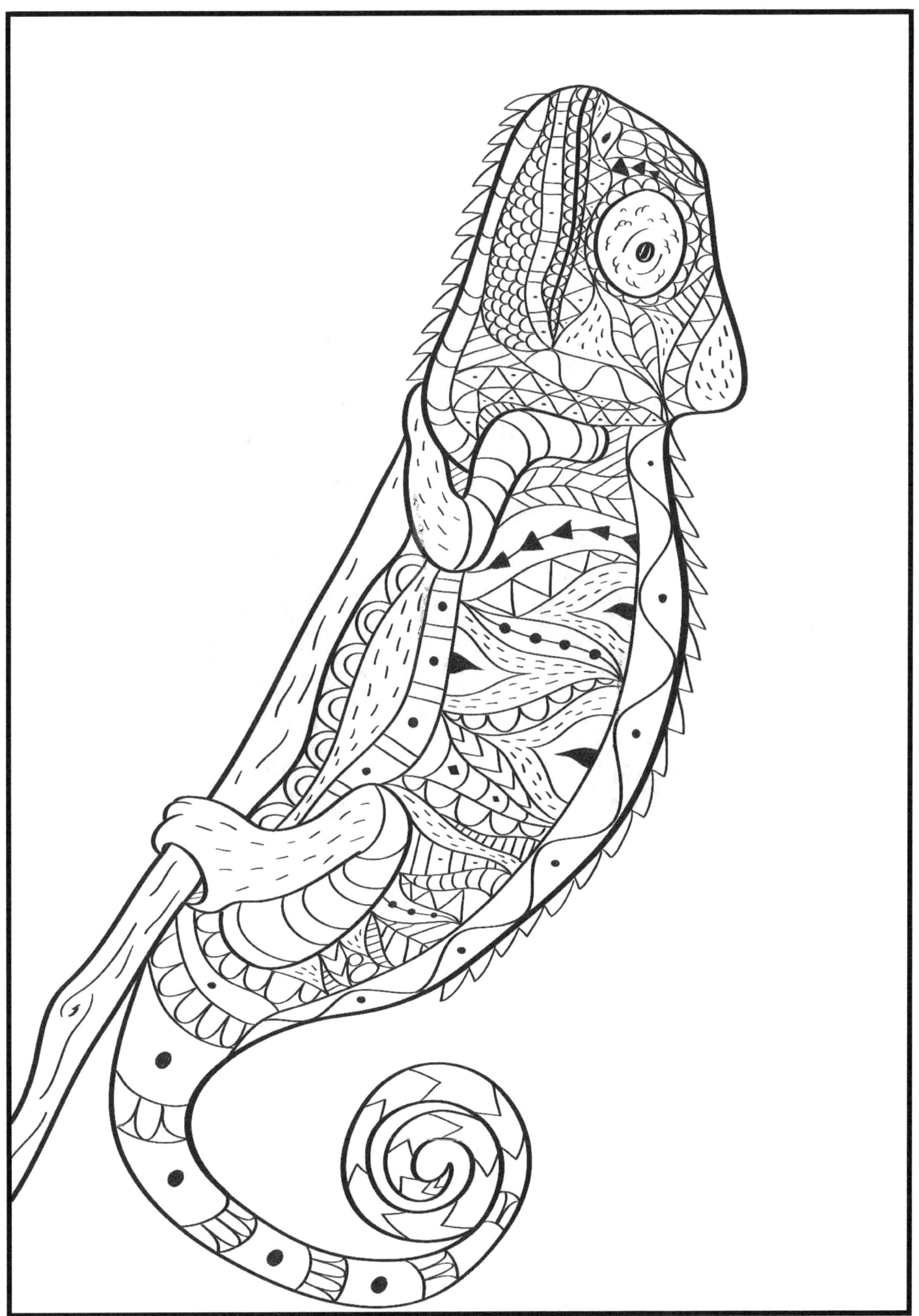

74

75

76

77

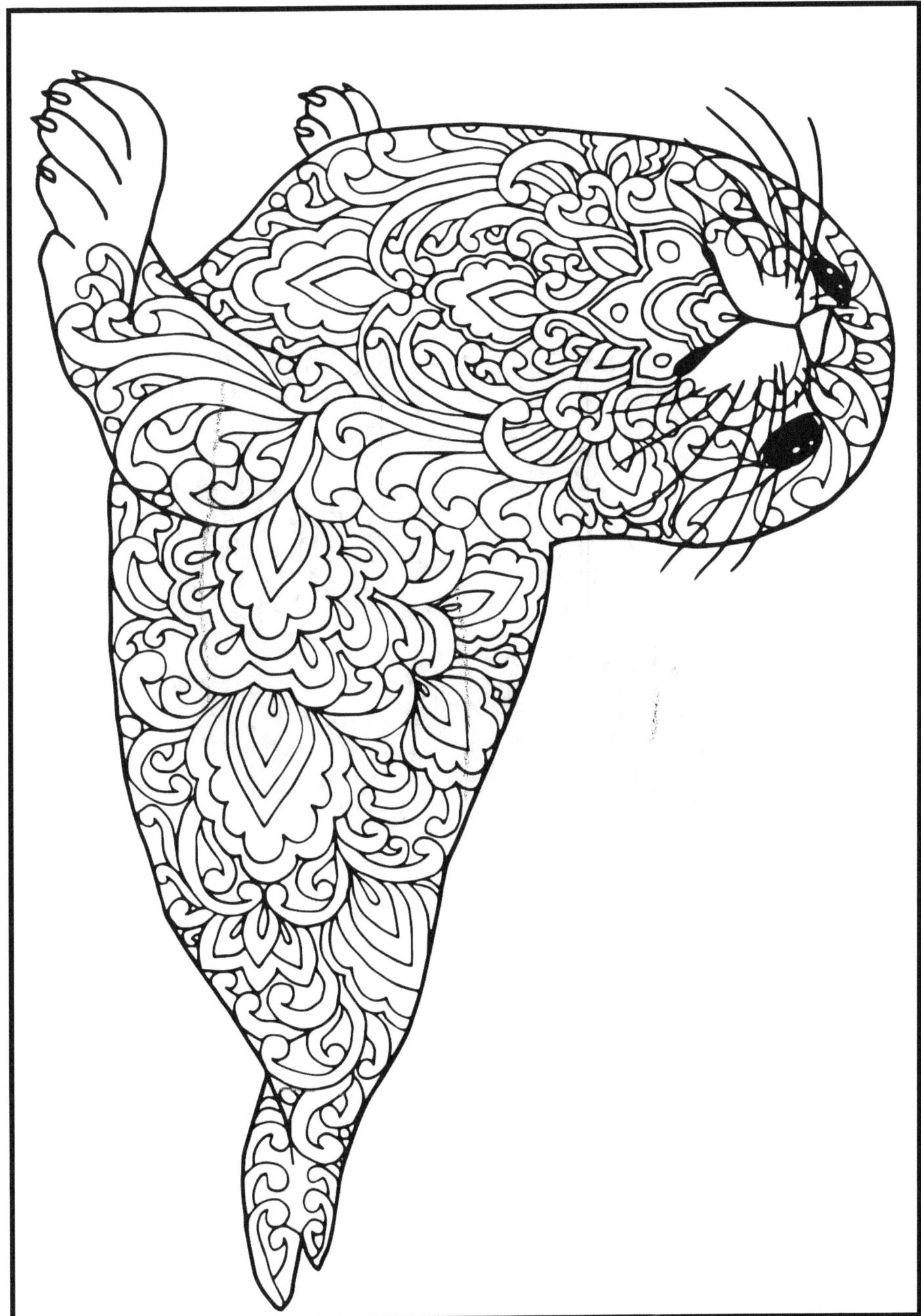

78

79

81

82

83

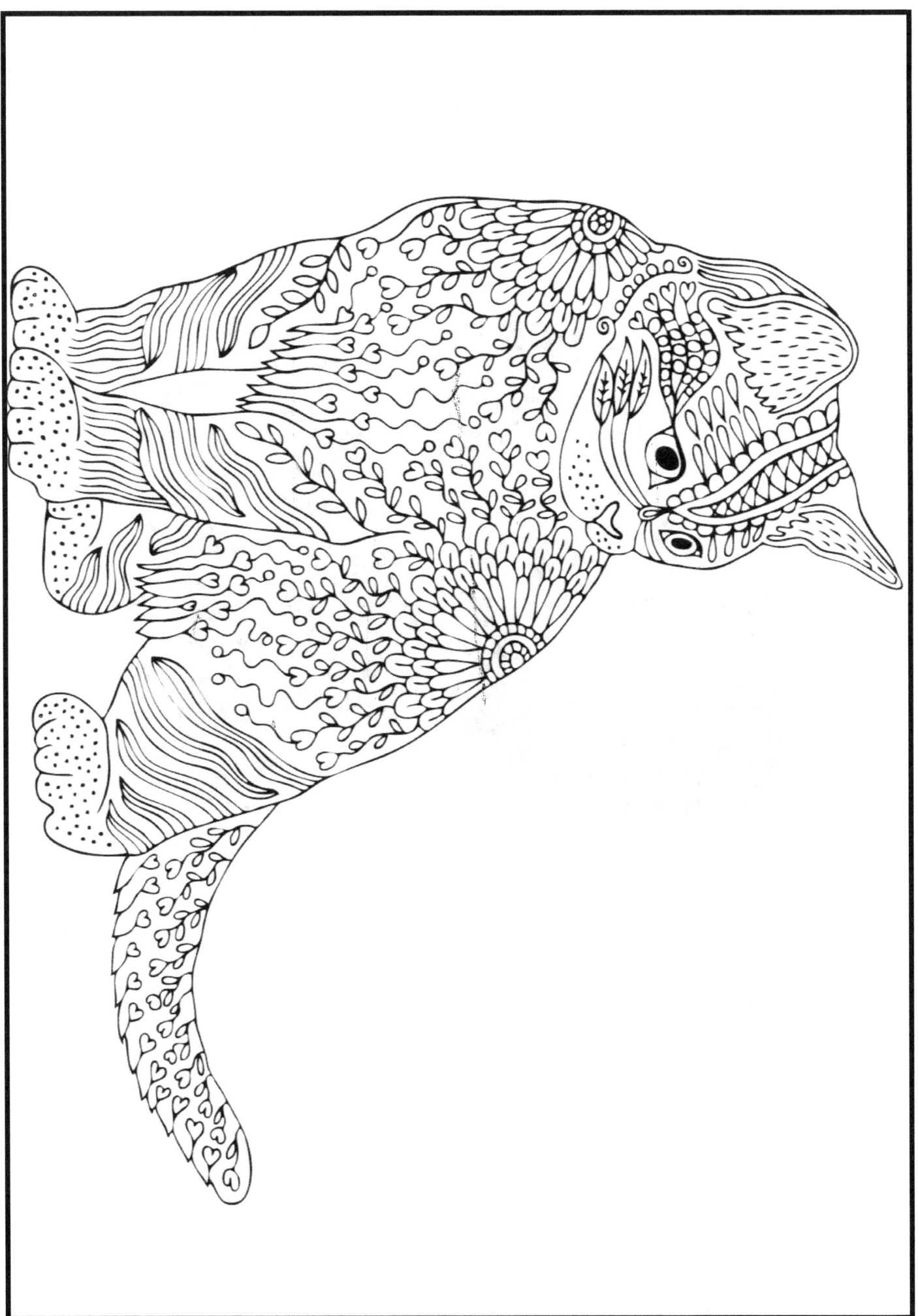

84

85

86

87

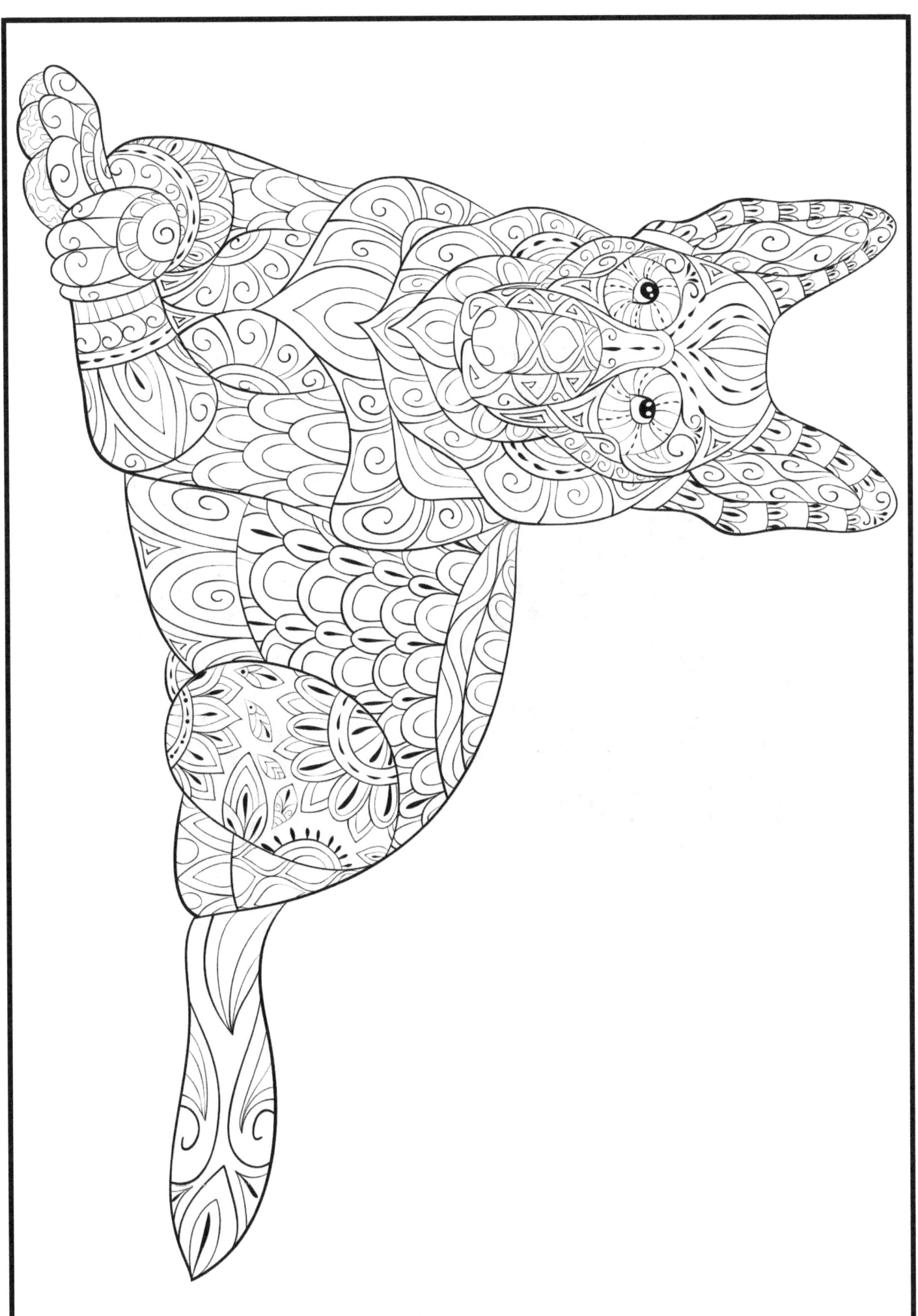

89

97

92

93

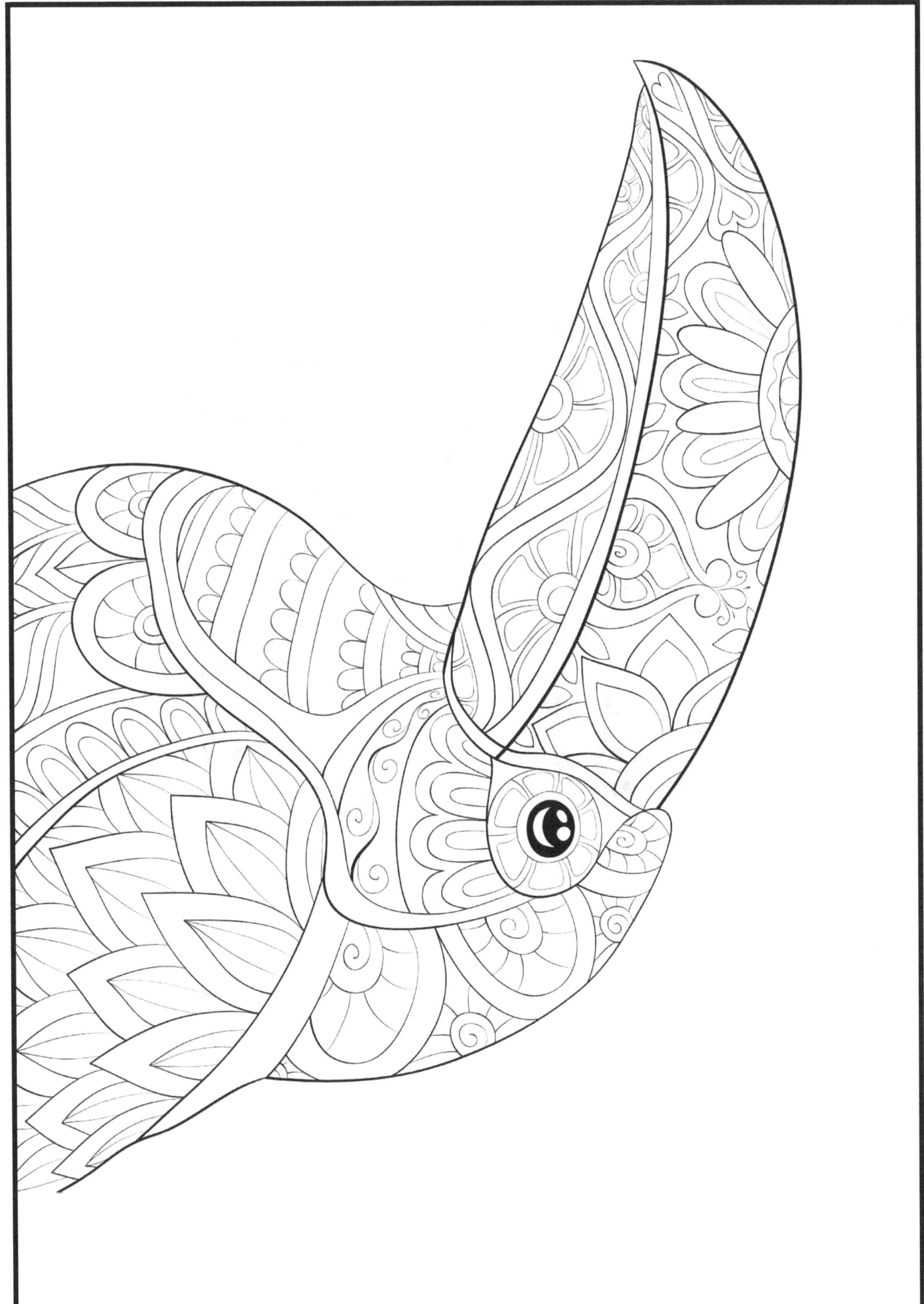

95

97

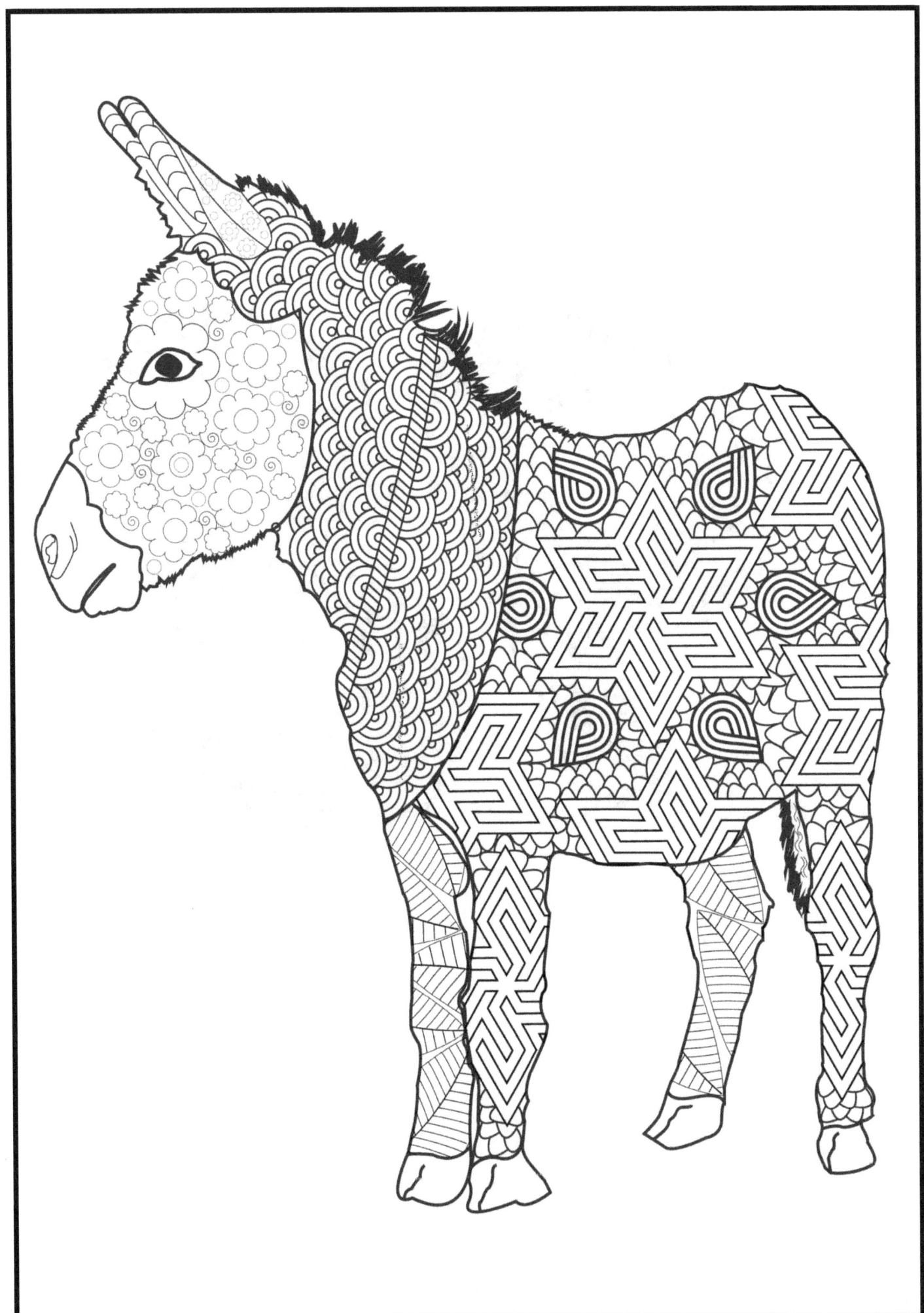

98

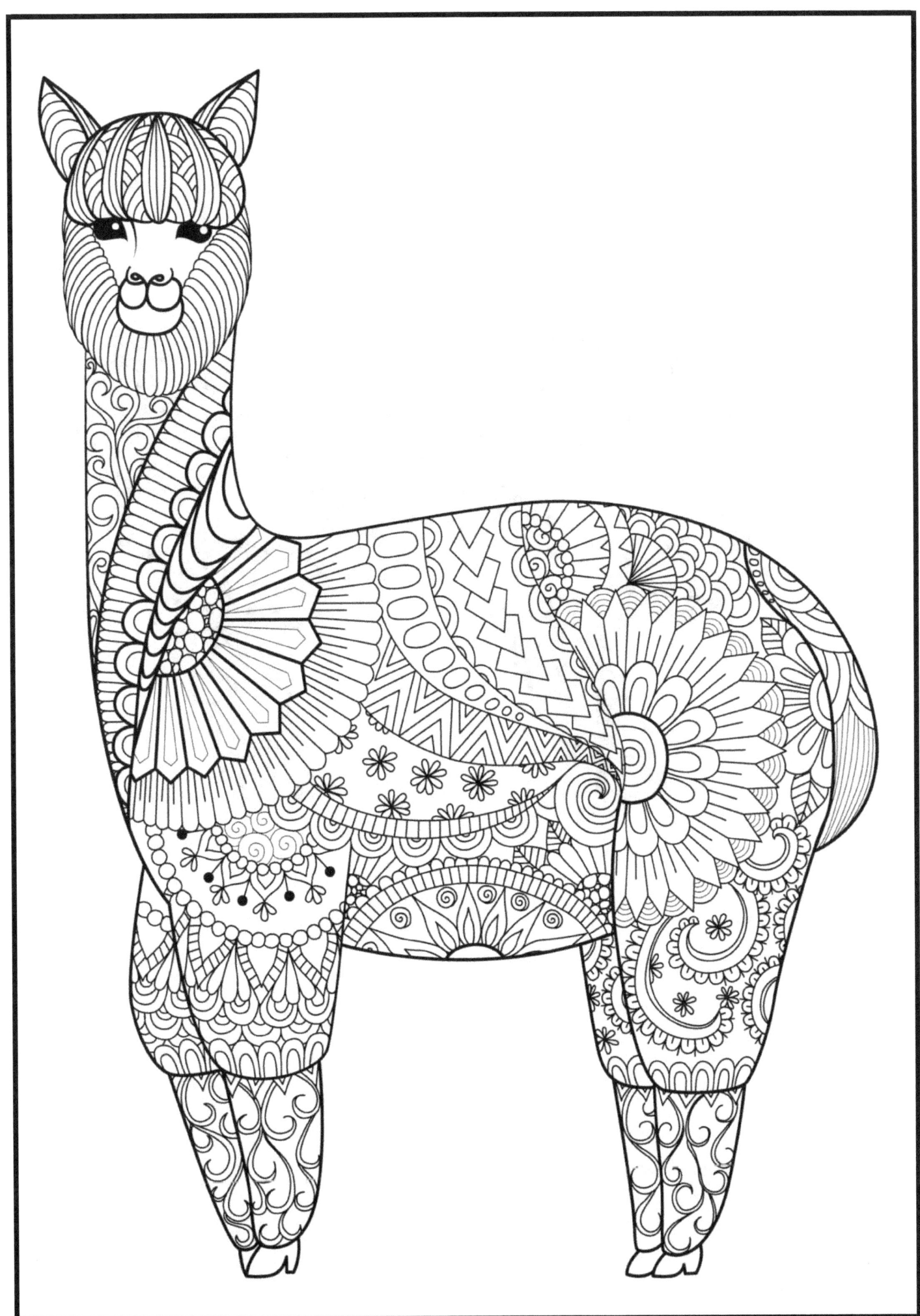

99

100

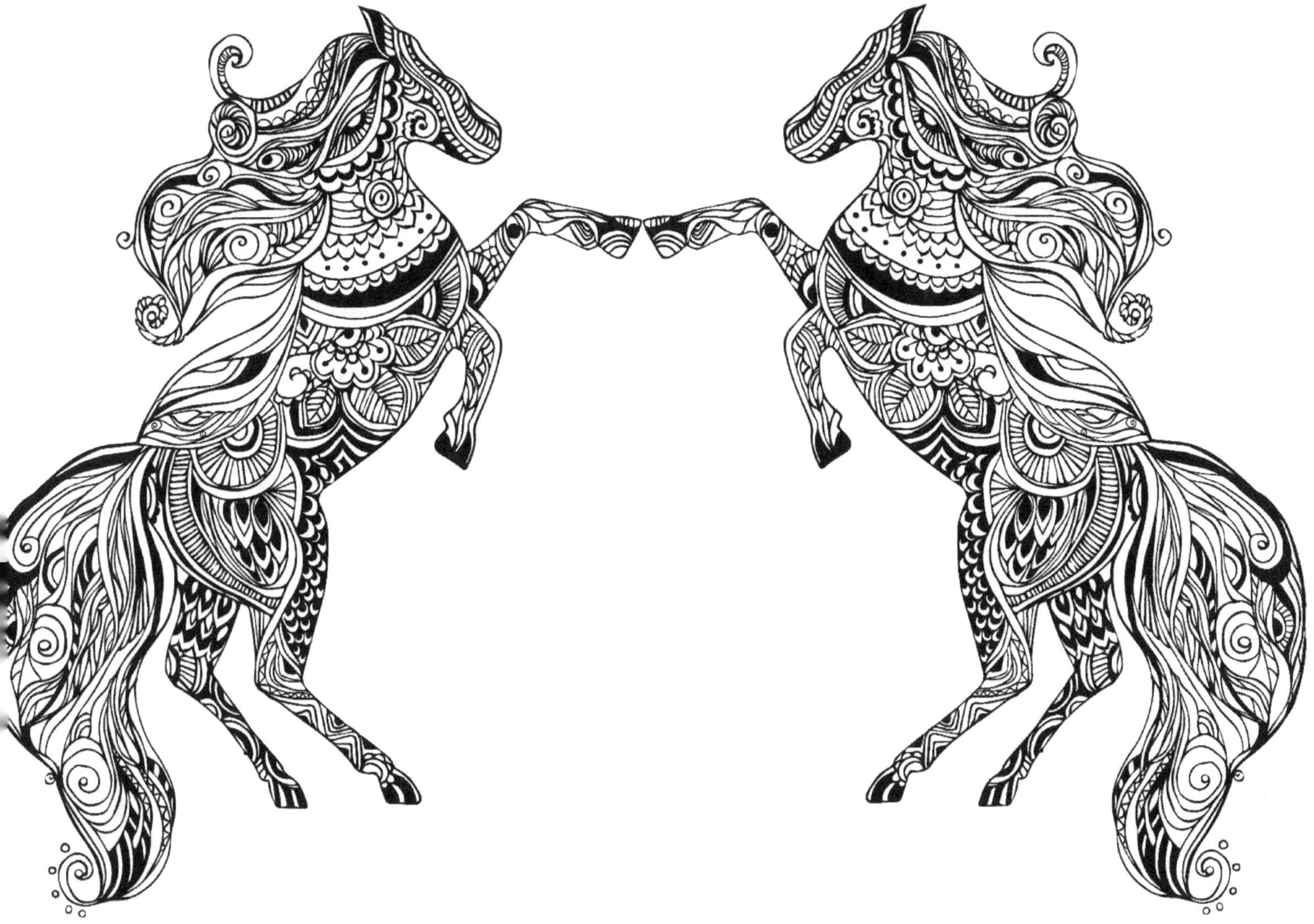

Se questo libro ti è piaciuto, lascia una recensione su Amazon.

Per noi la tua opinione conta ♪

SCAN ME

www.ingramcontent.com/pod-product-compliance
Lightning Source LLC
Chambersburg PA
CBHW080541220526
45466CB00010B/2995